Steffen Kruppa

Die Entwicklung der Freizeitparks

GRIN Verlag

Bibliografische Information der Deutschen Nationalbibliothek:

Die Deutsche Bibliothek verzeichnet diese Publikation in der Deutschen Nationalbibliografie; detaillierte bibliografische Daten sind im Internet über http://dnb.d-nb.de/ abrufbar.

Impressum:

Druck und Bindung: Books on Demand GmbH, Norderstedt Germany
ISBN: 978-3-638-84465-9

Dieses Buch bei GRIN:

http://www.grin.com/de/e-book/70905/die-entwicklung-der-freizeitparks

Universität Augsburg

Institut für Geographie

Lehrstuhl für Sozial- und Wirtschaftsgeographie

HS Freizeit und Tourismus

WS 2004/2005

Die Entwicklung der Freizeit- und Erlebnisparks

Steffen Kruppa

1. Phänomen „Freizeitpark“

„Früher waren Religionen und Kirche für Heilsversprechungen und Paradiesvorstellungen zuständig. Heute und in Zukunft sorgt eine mächtige Freizeit-industrie für Glücksversprechungen, Traumwelten und künstliche Paradiese“ (Opaschowski 1998, S. 43).

Als ein wesentliches Phänomen dieser Freizeitindustrie kann auch die stets zunehmende Anzahl von Freizeitparks betrachtet werden. Freizeitparks stellen in der heutigen Gesellschaft einen festen Bestandteil familiärer Freizeitplanung dar und verzeichnen darum insbesondere in den westlichen Industrieländern anhaltende Erfolge. Für viele Besucher kommt ein Ausflug in einen solchen Erlebnispark einem Ausbruch aus dem Alltag in eine heile und glückliche Kunstwelt gleich.

Im Folgenden werden Entwicklung, Trends, Konzepte sowie Auswirkungen dieser Freizeit- und Erlebniswelten näher vorgestellt.

2. Definition Freizeitparks

Laut Satzung des Verbands Deutscher Freizeitunternehmer e.V. (VDFU) handelt es sich bei Freizeitparks um „Gewerbebetriebe, die auf einem freien Gelände fest installierte Anlagen unterhalten und in denen gegen Entgelt Spiel- und Sporteinrichtungen, Großmodelle, Tiere, Grünanlagen, technische und kulturelle Einrichtungen entweder einzeln oder in Kombination zur Schau gestellt bzw. zur Nutzung überlassen werden. Außerdem können Einrichtungen auch in festen Gebäuden untergebracht, sowie Gastronomiebetriebe und Verkaufseinrichtungen angegliedert sein“ (vgl. Fichtner/Michna 1987, S. 7).
Angesichts der Vielfalt an angebotenen Freizeitgestaltungsmöglichkeiten sind Freizeitparks immer zugleich auch Freizeitzentrum. Bezüglich ihres Angebots werden Freizeitparks ferner in themenorientierte und nicht-themenorientierte Parks

unterschieden, wobei der erste Fall dominiert. Themenorientierte Einrichtungen weisen stets ein übergeordnetes Leitmotiv auf, das in der Regel eine Gliederung in einzelne Unterthemen erfährt, welche schließlich in räumlich abgegrenzten Bereichen umgesetzt werden. Dabei sind sowohl Attraktionen als auch Nebeneinrichtungen wie Gastronomie und Hotellerie themenorientiert gestaltet.
In der Regel sind Freizeitparks auf Tagesgäste ausgerichtet, wobei insbesondere bei den größeren Parks der Trend stattfindet, Hotels oder andere Übernachtungsmöglichkeiten anzugliedern. Hierfür sollte die Anlage allerdings die notwendige Größe und Attraktivität aufweisen, die den Besucher zu einer mehrtägigen Nutzung animieren.

Zur Kategorie „Freizeitparks“ zählen u. a. Filmstudioparks, Natur-Themenparks, Safari-Parks und Brand-Lands. Letztere, auch unter dem Begriff „Corporate Lands“ bekannte Konzepte, stellen „die Firmennamen oder bestimmte Produkte (z. B. Legosteine) demonstrativ in den Mittelpunkt der Show [...]“ (Opaschowski 1998, S. 17). Hierzu zählen innerhalb Deutschland neben Legoland u. a. auch das Ravensburger Spieleland sowie die VW Autostadt.

3. Historische Entwicklung

Die Geschichte der Freizeitparks und öffentlicher Freizeitflächen steht in direktem Zusammenhang mit der Entfaltung städtischer Lebensformen im Industriezeitalter. Die engen Wohnverhältnisse sowie die hohe berufliche Belastung durch industrielle Fertigungsmethoden äußerten sich in einer erhöhten Erholungsbedürftigkeit der Menschen. Es entstand der Drang nach Flächen im Wohnumfeld, die der Entspannung und dem Vergnügen dienten. Mittelalterliche Schützen- und Festplätze boten dabei häufig ein geeignetes Areal, auf dem sich Freizeitanlagen entwickeln konnten.

Eine andere Wurzel heutiger Freizeitparks liegt in der Nutzung feudaler Gärten und Parks zum Amüsement der reichen Oberschicht. Seit dem Ende des 15. Jahrhunderts entstanden in Europa im Umfeld von Villen und Schlössern aufwändige Gartenanlagen. Diese Einrichtungen, die auch als Symbol für die Macht und den Reichtum des jeweiligen Erbauers galten, waren für die Öffentlichkeit nicht zugänglich, sondern standen ausschließlich den oberen Gesellschaftskreisen zur Verfügung.

Als die ersten bedeutsamen Vorläufer heutiger Freizeiteinrichtungen sind die Parkanlagen des ausgehenden 18. Jahrhunderts anzusehen, in denen aufgebaute Meiereien und ländliche Szenarien eine fiktive Dorfgemeinschaft darstellen sollten, die als Kulisse für das höfische Schäferspiel fungierte. In diesem Spiel verkleidete sich der Adel als Schäfer und Hirten, um sich „[...] der Illusion eines Lebens im Einklang mit der Natur" (Stemshorn 2000, S. 11) hinzugeben. Ein besonders beeindruckendes Beispiel für solch eine Anlage gibt das im Jahr 1776 in Hohenheim bei Stuttgart entstandene „Englische Dorf" ab.

Im Zuge der französischen Revolution wurden in Paris zahlreiche fürstliche Gartenanlagen, die bis dato dem Adel vorbehalten waren, der Öffentlichkeit gegen Bezahlung zugänglich gemacht. Damit entstanden dort erste kommerziell betriebene Feizeitanlagen, die einen raschen Aufschwung erfuhren und sich auf Grund zunehmender Konkurrenz dazu gezwungen sahen, immer neue und fortschrittlichere Attraktionen zu errichten. In diesem Zusammenhang entstanden auch die ersten Fahrgeschäfte wie einfache Schaukeln und Karussells. Einer der ältesten und zugleich bekanntesten dieser Gärten ist der im Jahr 1795 in Paris eröffnete „Grand Tivoli", der v. a. auf Grund des vielfältigen Angebots von Bällen, Konzerten, Theateraufführungen und Feuerwerken große Attraktivität besaß. Schließlich gab dieser Park den Anstoß für den Bau ähnlicher Anlagen in ganz Europa, die zum Teil auch seinen Namen übernommen haben. Heutzutage gilt allerdings der „Tivoli Kopenhagen" (1843 gegründet) als Pate für alle nicht-themenorientierte Freizeitparks, in denen Unterhaltungseinrichtung, Gastronomie und Fahrattraktionen direkt aneinander anschließen .

Eine ähnliche Entwicklung hin zu einem differenzierten Angebot an Vergnügungseinrichtungen und Fahrgeschäften lässt sich auch bei den englischen „pleasure gardens“ oder „Vauxhalls“ sowie beim „Wiener Prater“ und den nach dessen Vorbild entstandenen Anlagen beobachten. Der im Jahr 1873 anlässlich der Weltausstellung errichtete „Wiener Volksprater“ markierte einen Höhepunkt in der Entwicklung der bis dahin noch gartenähnlichen Freizeiteinrichtungen. Erstmalig entstand ein stationärer Vergnügungspark, der auf Grund zahlreicher Schau- und Fahrgeschäfte eine neuartige Rummelplatz-Atmosphäre entstehen ließ und dessen Modell in der Folgezeit vielerorts adaptiert wurde. Mobile Schaustellerbetriebe ließen sich in größeren Städten nieder, installierten ihre Anlagen fest und verschönerten sie mit aufwändigen Dekorationen. Darüber hinaus wurden an solchen Standorten häufig Spielkasinos, Achterbahnen, Karussells und Theater errichtet. Diese stationären Rummelplätze ohne landschaftsgärtnerische Aufbereitung werden als „Luna-Parks“ definiert. Mit der einsetzenden räumlichen Enge in den Städten war die Existenz dieser Freizeitanlagen jedoch bald in Gefahr und viele Luna-Parks fielen dieser Entwicklung zum Opfer. Fehleinschätzungen der Unternehmer sowie negative Schlagzeilen über Glückspiele, Prostitution und Alkoholismus sind weitere Gründe für den Niedergang zahlreicher Freizeitparks dieser Art. Derzeit existieren in Europa neben dem „Wiener Prater“, mit seinem weltberühmten Riesenrad, noch weitere Luna-Parks wie etwa „Blackpool Pleasure Beach“ in England und „Linnanmäki“ in Helsinki.

Ende des 19. Jahrhunderts erfolgte wiederum in Wien ein weiterer großer Schritt in Richtung heutiger Freizeit- und Erlebnisparks. Der Geschäftsmann Gabor Steiner eröffnete im Jahr 1895 nahe des Praters „Venedig in Wien“, eine Nachbildung bekannter Einrichtungen der Dogenstadt. Wie in Venedig selbst konnten sich die Gäste hier beispielsweise mit venezianischen Gondeln durch Kanäle fahren lassen. Diese Einrichtung wurde bereits im ersten Jahr von mehr als zwei Millionen Menschen besucht. Um nicht an Attraktivität zu verlieren, musste die Anlage schließlich ständig umgebaut und erweitert werden und im Jahr 1901 erfolgte eine Umbenennung in „Internationale Stadt“.

Dem Motto folgend war der Park bereits durch japanische, ägyptische und spanische Straßenbilder geprägt. Im zweiten Weltkrieg wurde die Anlage, wie auch die meisten anderen in Mitteleuropa, bis auf das Riesenrad komplett zerstört.

Trotz des Erfolges derartiger Freizeiteinrichtungen kam die Entwicklung in der Folgezeit des zweiten Weltkrieges zunächst einmal zum Stehen. Im Jahr 1955 griff Walt Disney das Konzept von „Venedig in Wien" mit seiner durch Kulissen gestalteten vollkommenen Inszenierung dann wieder auf und errichtete „Disneyworld" in Florida.

In Deutschland entstanden in der Nachkriegszeit zunächst kleine Märchen- und Tierparks, die um Kirmes-Attraktionen erweitert und damit zu regionalen und überregionalen Ausflugszielen ausgebaut wurden. Freizeitparks im eigentlichen Sinn, die ab den 60er Jahren v. a. aus freizeit-, vergnügungs- und gastronomiebezogenen Startnutzungen hervorgingen, erfuhren allmählich einen konzeptionellen themenspezifischen Ausbau. Ab 1970 ist in den alten Bundesländern schließlich ein Gründungsboom solcher Freizeitenrichtungen festzustellen. Die beiden ersten deutschen Parks, die „durch eine Mischung zwischen dekorativen Inszenierungen, Shows und Varietés, in eine Thematik eingegliederte Fahrgeschäfte und Gastronomie- sowie Spieleinrichtungen für einen Ausflugstag auf einem begrenzten und überschaubaren Gelände anboten" (Scherrieb 2000, S. 6), waren das „Phantasialand" in Brühl (1967) und der „Holidaypark" in Hassloch (1973). Diese, nach dem Vorbild Disneys, errichteten Freizeitparks werden unter dem aus den USA übernommenen Begriff „Themenparks" zusammengefasst. Inzwischen hat die Anzahl derartiger Anlagen durch den raschen Ausbau vieler Safariparks und Märchengärten, aber auch durch zahlreiche Neugründungen in der Bundesrepublik stark zugenommen. Im Jahr 2000 wurden bundesweit 54 Freizeit- und Erlebnisparks registriert, wobei in den neuen Bundesländern auf Grund der geringen Besiedlungsdichte allerdings kaum Anlangen vorhanden sind.

Abb.1: Die 10 größten Freizeitparks in Deutschland

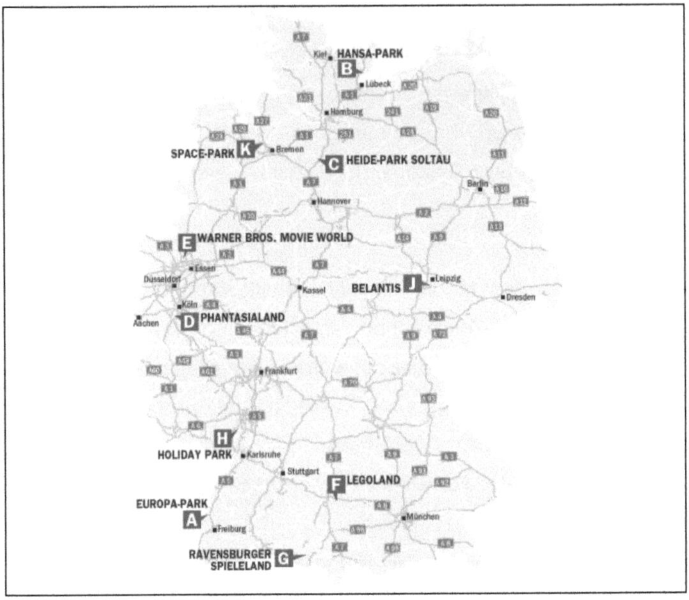

Quelle: www.stern.de

Während die Freizeitparks ursprünglich als ein Ausflugsziel für wenige Stunden oder einen Tag betrachtet wurden, entwickeln sie sich immer mehr zu Anlagen, die dem Besucher einen mehrtägigen Besuch sinnvoll erscheinen lassen.

Der Umsatz der 53 Mitgliedsbetriebe der VDFU betrug im Jahr 1999 ca. 800 Millionen DM, wovon allein 370 Millionen DM durch die Eintrittsgelder erzielt wurden. Außerdem waren im selben Jahr deutschlandweit 15.000 Menschen in Freizeitparks beschäftigt.

4. Auslösende Trends

Die Entstehung sowie der Erfolg von Freizeit- und Erlebnisparks stehen in engem Zusammenhang mit einer Veränderung des Freizeitverständnisses innerhalb der Gesellschaft. Ein zu konstatierender Wertewandel wirkt sich in zunehmendem Maße auf die Bewertungs-, Denk- und Einstellungsmuster der Bevölkerung aus. Dabei sind „traditionelle Werte wie Disziplin, Gehorsam, Leistung, Ordnung, Pflichtbewusstsein [...] nicht mehr so dominant wie in den 50er Jahren und früher“ (Hennings 2000, S. 56). Es hat eine Bedeutungsverschiebung hin zu mehr Hedonismus (Vergnügen, Genuss, Abenteuer) und Individualität (Selbstverwirklichung, Ungebundenheit, Spontaneität) stattgefunden. Die Ursache für diesen Wertewandel liegt zu einem nicht unbeträchtlichen Teil in dem ökonomischen Strukturwandel der jüngsten Vergangenheit. Bei der Mehrzahl der Bevölkerung ist die Deckung der Grundbedürfnisse gesichert, auch bei langfristigen Gütern ist nahezu eine Vollversorgung erreicht. Gleichzeitig verfügt der Mensch im Vergleich zu früheren Zeiten über ein erhöhtes Einkommen, mehr Mobilitätsfähigkeit und -bereitschaft sowie über ein wachsendes Maß an Freizeit. Während Freizeit ursprünglich in erster Linie mit der Suche nach Erholung verbunden war, dominiert heutzutage der Wunsch nach „Fun- und Entertainmentmöglichkeiten“. Dementsprechend hat sich ein Wandel vom rationalen zum lustvollen, erlebnisorientierten Konsumverhalten, also einer „Erlebnisorientierung“ (Hennings 2000, S. 56) vollzogen. Diese Entwicklung hat der Freizeitindustrie und damit auch den Freizeitparks zu einem enormen Wachstum verholfen.

5. Konzepte und Inszenierung

Der Zulauf, den die Freizeitwelten erfahren, hängt schließlich auch sehr stark davon ab, inwieweit die Erwartungen der Besucher erfüllt werden. Die Erlebnisindustrie hat deshalb den Slogan „Happiness is our business“ (Opaschowski 1998, S. 24) zur obersten Richtlinie ihres Handelns erhoben. Getreu diesem Motto wird den Gästen von Freizeitparks Abenteuer, Spaß, Ablenkung und vieles mehr geboten, damit sie zumindest vorübergehend die Sorgen und Probleme des Alltags vergessen können. Die Erlebnisparks werden als Welten gestaltet, in denen Perfektion, Imagination und Phantasie vorherrschen und schließlich kein Platz für „das Böse“ ist. (Opaschowski 2000, S. 46). Wie der Massenansturm an Besuchern beweist, suchen viele Menschen nach dieser Illusionierung in einer perfekt konstruierten Traumwelt.

Um eine solch perfekte Kunstwelt realisieren zu können, muss eine Vielzahl von Richtlinien eingehalten werden. So sollte die Gesamtgestaltung eines Parks zunächst in sich harmonisch sein, damit der Besucher sich ohne Probleme in der Anlage zurechtfinden bzw. entsprechend geleitet werden kann. Außerdem sollten die Attraktionen des Parks innerhalb der Öffnungszeiten stressfrei zu bewältigen sein und zusätzlich Rückzugsmöglichkeiten geschaffen werden, wo sich der Gast zwischendurch von der Fülle an Reizen erholen kann. Da in einem Freizeitpark die Träume und Phantasien vieler Menschen verwirklicht werden sollen, muss auch für einen reibungslosen Parkbetrieb gesorgt werden. Vorgaben, die ursprünglich für die Walt Disney Freizeiteinrichtungen galten, zählen mittlerweile in nahezu jedem Freizeitpark zu den grundlegendsten Richtlinien. Dazu gehören u. a. ein überdurchschnittlich freundliches Dienstleistungspersonal, eine intensives Schulung des Personals, eine hundertprozentig saubere und hygienische Umwelt sowie ein problem- und konfliktfreies Unterhaltungsprogramm für die ganze Familie. Der Besucher soll während seines Parkaufenthalts schließlich so unterhalten werden, dass er die Tatsache der Inszenierung und der Künstlichkeit der Anlage vergisst. In den perfekten Kulissen sollen spannende, einmalige Erlebnisse geboten werden, um beim Besucher niemals Langeweile aufkommen zu lassen.

Dem Wunsch der Konsumenten nach immer noch mehr Abwechslung, Entertainment, Thrill und Spaß kommen die Freizeitparkbetreiber entgegen, indem sie spektakulärere Attraktionen errichten und die Anlage mit anderen neuen Einrichtungen versehen .

6. Freizeitparks aus Sicht der Besucher

„Mehr Begeisterung als Kritik“ (Steinecke 2000, S. 18) – zu diesem Ergebnis kam das B.A.T.- Freizeitforschungsinstitut angesichts einer Befragung von 3.000 Personen im Alter zwischen 14 bis 29 über deren Haltung gegenüber Freizeitparks. 47% der Befragten assoziieren einen Parkbesuch mit einem Vergnügen mit Familie und Freunden, 34% halten Freizeitparks für eine Attraktion oder Sehenswürdigkeit, 29% loben die anregende Atmosphäre, 25% finden dort Ablenkung vom Alltag und 19% sind von der perfekten Illusion begeistert. Kritische Äußerungen über Freizeitparks blieben bei der Befragung deutlich in der Unterzahl. 21% der Befragten sprachen von Geschäftemacherei, jeweils 13% von anspruchlosem Unterhaltungsangebot bzw. phantasieloser Freizeitgestaltung, 12% von Kitschinszenierung und 9% von steriler Künstlichkeit. Insgesamt erhielten die bundesweiten Freizeit- und Erlebnisparks eine Durchschnittsnote von 1,9 (vgl. Opaschowski 1998, S. 34/36). Offensichtlich sind diese künstlichen Welten dazu in der Lage „das Bedürfnis der Konsumenten nach einer Kombination aus Unterhaltung, Spaß, Vergnügen, Einkaufen , Kultur, etc. zu befriedigen“ (Steinecke 2000, S. 18).

7. Standortansprüche der Freizeitparks

Da in Mittel- und Nordeuropa ein ganzjähriger Freiluftbetrieb von Freizeitparks ausgeschlossen ist, spielen in diesen Gegenden regionale klimatische Verhältnisse bei der Ansiedlung von Parks eine untergeordnete Rolle.

In topographischer Hinsicht bieten sich für die Errichtung von Freizeitparks große, ebene Flächen an, wo die Untergrundverhältnisse ohne großen Aufwand nutzbar sind. Unter Umständen muss die Ansiedlungsgemeinde die Fläche vor Baubeginn entsprechend aufbereiten (z. B. Beseitigung von Konversationsflächen).

Der entscheidendste Aspekt bei der Standortentscheidung ist eine gute infrastrukturelle Anbindung des Parks. Bestehen noch keine ausreichenden Verkehrswege, so müssen vorhandene Straßen ausbaufähig sein und gegebenenfalls ÖPNV-Verbindungen geschaffen werden, z. B. zwischen Park und Bahnhof. Im Zusammenhang mit der verkehrstechnischen Erschließung steht auch die Bevölkerungsdichte und -verteilung im geplanten Einzugsbereich, der nicht über die kilometermäßige, sondern über die zeitliche Entfernung zwischen Park und Wohnort bestimmt wird. „Freizeit- und Erlebnisparks sind zwingend vom Bevölkerungspotential innerhalb eines Eineinhalbstundenfahrradius abhängig. Bei kleineren Freizeitparks minimiert sich der Fahrradius gegen eine Stunde“ (Scherrieb 2000, S. 14). Bei großen Anlagen, wie dem Europa-Park oder Legoland, wird der Fahrradius auf 2,5 Stunden aufgestockt. Da Besucher dieses Einzugsbereichs den wirtschaftlichen Betrieb der Einrichtung allein nicht sichern können, erfolgt eine Ansiedlung auch stets in der Nähe eines Verdichtungsraumes oder einer Großstadt. Auf Grund der für die Ansiedlung von Freizeitparks notwendigen großen Flächen, die in Ballungsräumen kaum vorhanden und/oder sehr teuer sind, weichen die Investoren meist auf periphere, ländliche Regionen aus, um den Faktor „billige Bodenreserve“ (Fichtner/Michna 1987, S.66) zu erfüllen. (vgl. Abb.2)

In den meisten Fällen besteht zwischen umgebender Region und Freizeitpark auf Grund dessen Eigenständigkeit sowohl in räumlicher als auch gestalterischer Hinsicht kein wirklicher Bezug.

Abb. 2: Der Einzugsbereich von LEGOLAND Deutschland

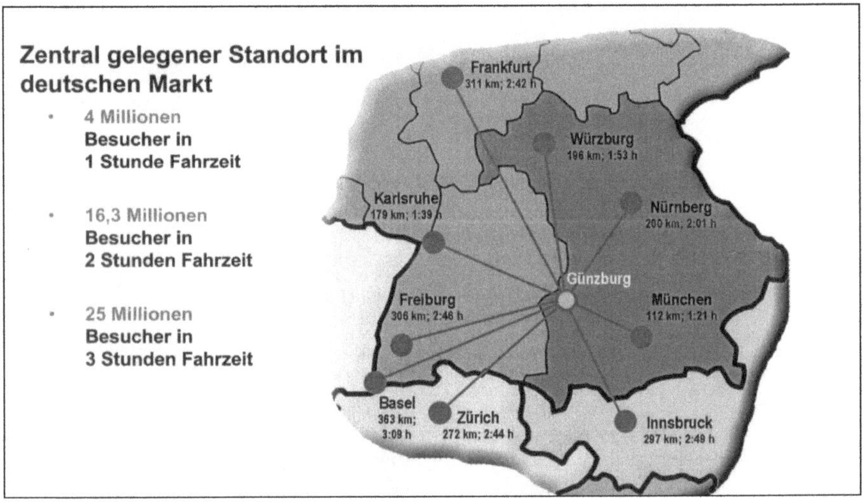

Quelle: Legoland Deutschland 2004

8. Besucheraufkommen

Das Funktionieren der Freizeitparks hängt stark von der Mobilitätsbereitschaft der Gesellschaft ab. Ein hohes Besucheraufkommen wird schließlich v. a. während der Schulferien und an den Wochenenden erreicht, da sich die Freizeit der meisten Menschen auf diese Zeitpunkte beschränkt. In Mittel- und Nordeuropa spielen in Bezug auf die Besucherzahlen außerdem die Wetterverhältnisse eine große Rolle, was eine Konzentration des Besucheraufkommens auf die wärmeren Monate zur Folge hat. Der Jahresbetrieb von Freizeitparks lässt sich in Vor-, Haupt- und Nachsaison aufteilen. In der Vorsaison, die von Ende März bis Ende Juni dauert, sowie in der Nachsaison, die von September bis Anfang November geht, werden an Wochenenden und Feiertagen Spitzenbesucherzahlen erreicht. Dagegen ist in der Hauptsaison (Juli/August) auf Grund der Schulferien das Besucheraufkommen an Werktagen meist sogar noch höher als an Wochenenden.

Abb. 3: Durchschnittliche Saisonverteilung von Besuchern in deutschen Freizeitparks

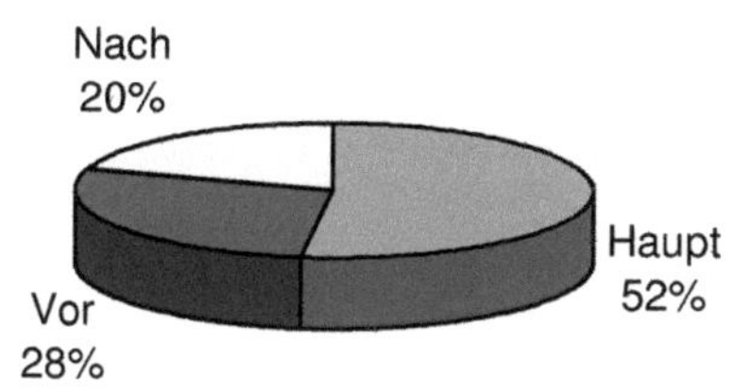

Quelle: Scherrieb 2000, S. 26

Im Jahr 2003 haben rund 22 Millionen Menschen Freizeitparks in Deutschland besucht (vgl. Spiegel Online 2004). Spitzenreiter ist der „Europa-Park“ in Rust mit über 3 Millionen Besuchern, gefolgt vom „Phantasialand“ Brühl, „Warner Bros. Movie World“ und dem „Heide Park Soltau“ (vgl. Scherrieb 2000, S. 18). Laut VDFU konnten in den letzten Jahren kleinere Parks auf Grund deren konsequenter Ausrichtung an Familien mit Kindern wieder Gäste zurückgewinnen. Kinder bis 14 Jahren stellen nämlich die stärkste Gruppe unter den Parkbesuchern dar (vgl. Abb.4). Der Anteil der Altersgruppe der 14- bis 19jährigen hat in den letzten Jahren stetig zugenommen, was an den vielen neuen Fahrattraktionen in den Parks liegt, die hauptsächlich Jugendliche ansprechen. Besucher im Alter zwischen 18 und 39 Jahren gelten schließlich als die ausgabenfreudigste Gruppe.

Für den wirtschaftlichen Erfolg eines Parks ist eine hohe Quote an Gästen, die schon einmal im Park waren, von Bedeutung. Derzeit sind etwa 2/3 der Freizeitparkbesucher in Deutschland „Wiederholungstäter“. Um diesen Menschen einen Ausflug in die Freizeiteinrichtung schmackhaft zu machen, sind die Betreiber - wie bereits angesprochen - stets dazu gezwungen, Neuinvestitionen zu tätigen.

Abb.4: Zusammensetzung der Besucher in deutschen Freizeit- und Erlebnisparks

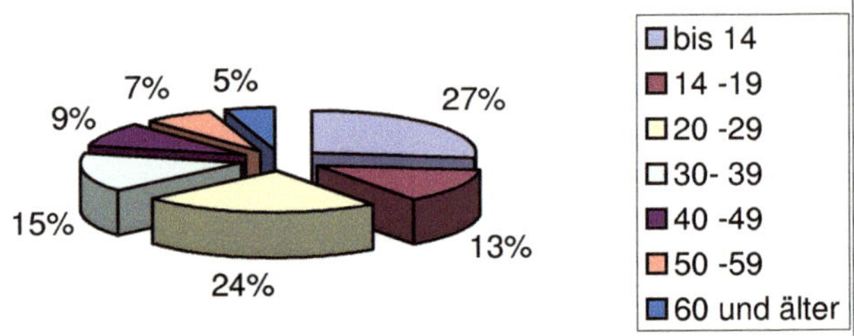

Quelle: Scherrieb 2000, S. 25

Innerhalb der Anlagen hat auf Grund der langen Aufenthaltszeiten der Besucher die Nutzung von Gastronomiebetrieben stark zugenommen. Im Jahr 1998 haben größere Freizeitparks pro Gast bis zu 20 DM für Essen und Trinken umgesetzt.

Im Rahmen der oben angeführten Befragung des B.A.T.- Freizeitforschungsinstituts stellte sich heraus, dass das Wichtigste bei einem Parkbesuch das Gemeinschaftsgefühl darstellt. 70% der Besucher kommen mit der Familie, 14% mit Freunden, 15% mit Partner(in) und nur 1% kommt allein.

Hauptanreisemittel ist das Auto mit 87%, wohingegen nur 1% der Gäste mit der Bahn zum Freizeitpark gelangt. Durchschnittlich legt ein Besucher 198 km für einen Ausflug in einen Park zurück. Fast ein Viertel nimmt sogar einen Anfahrtsweg von über 300 km auf sich (vgl. Opaschowski 1998, S.20-31).

9. Auswirkungen von Freizeit- und Erlebnisparks

Durchschnittlich erstrecken sich die deutschen Freizeitparks über eine Fläche von 240.000 m², inklusive Parkplätze, Ausweichareale und Winterquartiere. Betrachtet man die flächenmäßige Ausdehnung und den teilweise enormen Infrastrukturbedarf, sind die Parks als Einrichtungen von überregionaler Bedeutung anzusehen. Der große Einzugsbereich, die hohen Besucherzahlen sowie das damit verbundene Verkehrsaufkommen führen zu positiven wie negativen Auswirkungen.

Als ökonomisch positiv kann die Neuschaffung von Arbeitsplätzen, die mit der Ansiedlung eines Freizeitparks einhergeht, angesehen werden, wobei die meisten Stellen von gering qualifizierten Saisonarbeitern besetzt werden. Außerdem verspricht die Errichtung eines Freizeitparks die Förderung des Tourismus in der Ansiedlungsgemeinde. Allerdings besteht die Gefahr, dass bereits bestehende Freizeiteinrichtungen in der Region Einbußen hinnehmen müssen. Erwartet werden auch Umsatzsteigerungen bei Handel, Gewerbe und Gastronomie, was allerdings davon abhängt, ob einheimische Betriebe mit Aufträgen bedacht werden und ob Gäste das gastronomische Angebot außerhalb des Parks wahrnehmen.

Die mit Abstand wohl größten ökologischen Auswirkungen von Freizeitgroßprojekten entstehen durch das vermehrte Verkehrsaufkommen. Da sich die meisten Freizeitparks in peripheren Gebieten befinden, beschränkt sich die Anreise größtenteils auf das Auto, was zu einer besseren infrastrukturellen Anschließung der Region führt. Durch die Errichtung des Parks sowie den damit verbundenen Aus- und Neubau von Straßen und Parkplätzen kommt es allerdings zu einem enorm hohen Flächenverbrauch. Zusätzlich ergeben sich sowohl durch die Freizeitanlage selbst als auch durch den Verkehr erhöhte Lärm- und Schadstoffemissionen im Umland. Folgekosten von erhöhtem Verkehrsaufkommen, vermehrtem Lärm, hohem Landschaftsverbrauch und allgemeiner Umweltverschmutzung können über Studien nur schwer erfasst werden. Andererseits können Freizeitparks zu einer Entlastung schützenswerter Gebiete führen, da sie eine große Menge an Freilufterholungssuchenden in ihre Kunstwelten locken.

Die Einschätzung der Folgen für die soziokulturellen Strukturen einer Region sind stark subjektiv geprägt. Während einerseits eine Überfremdung der Gegend durch vermehrte Gästezahlen, ein Verlust der traditionellen Kulturstrukturen und eine Veränderung des typischen Landschaftsbildes befürchtet wird, wird andererseits die Wirtschaftskraft der Touristen sehr geschätzt.

In räumlich-struktureller Hinsicht können Freizeitparks starken Einfluss auf touristische Strukturen haben und Anstöße zu einer thematischen Neuausrichtung der Region geben. Durch die hohe Eigenanziehungskraft der Parks sind diese in der Lage, nicht nur am Rande von traditionellen Ausflugsgebieten einen Staubsaugereffekt auszulösen, sondern auch Ausflugsströme in Gebiete umzuleiten, die bisher weniger vom Ausflugsverkehr tangiert wurden (vgl. Scherrieb 2000, S. 28). Anhand der aufgeführten Auswirkungen zeigt sich, dass Freizeitgroßprojekte einer grundlegenden, überregionalen und planerischen Steuerung bedürfen.

10. Ausblick

Im „Zeitalter der Events“ ist der Trend zu erkennen, dass Freizeitorte gleichzeitig als Konsum-, Unterhaltungs-, Erlebnis-, Lern- und Bildungsorte ausgerichtet werden. Die Grenzen zwischen Freizeitpark, Einkaufszentrum und Unterhaltungseinrichtung werden immer fließender. In Zukunft werden diesem Trend folgend wohl immer mehr sog. „Brand-Lands“ wie etwa die „VW Autostadt“ oder „Swarowski Kristallwelt“ entstehen. Dieses Konzept soll die Kunden schließlich näher an die Marke binden und ermöglichen, dass der Konsument eine besondere Beziehung zu dem Produkt aufbauen kann.

11. Fazit

Allen Freizeitparks ist die Absicht gemeinsam, einen Kontrast zur Alltagswelt zu schaffen. Das wichtigste scheint dabei zu sein, dass Erlebniswelten das Bedürfnis der Konsumenten nach emotionaler Anregung und Abwechslung stillen, das Gemeinschaftsgefühl stärken, die Besucher auf hohem Niveau unterhalten und ihnen während der Dauer ihres Aufenthalts Spaß bereiten. In den Freizeit- und Erlebniswelten wird heute geradezu ein „Handel mit Lebensfreude“ (Opaschowski 2000, S. 53) betrieben. Auch in nächster Zeit wird eine weitere Aufrüstung der Erlebnisindustrie notwendig sein, um die immer zunehmende Sensationsgier der Bevölkerung befriedigen zu können.

Literaturverzeichnis

Fichtner, U./ Michna, R.: Freizeitparks. Allgemeine Züge eines modernen Freizeitangebotes, vertieft am Beispiel des EUROPA-PARK in Rust/Baden. Freiburg, 1987

Heigl, F.: Der Vergnügungspark. Salzburg, 1987

Hennings, G.: Erlebnis- und Konsumwelten: Steuerungsfaktoren – Akteure – Planung. In: Steineck A. (Hrsg.): Erlebnis- und Konsumwelten. München, 2000, S. 55-75

Legoland Deutschland: Generelles zu LEGOLAND und LEGO. Günzburg, 2004

Opaschowski, H.-W.: Kathedralen des 21.Jahrhunderts – Die Zukunft von Freizeitparks und Erlebniswelten. Hamburg, 1998

Opaschowski, H.-W.: Kathedralen des 21.Jahrhunderts – Zur Faszination von Erlebniswelten. In: Steineck A. (Hrsg.): Erlebnis- und Konsumwelten. München, 2000, S. 44-54

Probst, P.: Freizeit- und Erlebniswelten: Entwicklungen – Trends – Perspektive. In: Steineck A. (Hrsg.): Erlebnis- und Konsumwelten. München, 2000, S. 104-118

Scherrieb, H. R.: 30 Jahre Freizeit- und Erlebnisparks in Deutschland - Branchendarstellung für den Verband Deutscher Freizeitunternehmer e.V.. Berlin, 2000

Steinecke, A.: Tourismus und neue Konsumkultur: Orientierung – Schauplätze – Werthaltungen. In: Steineck A. (Hrsg.): Erlebnis- und Konsumwelten. München, 2000, S. 11-27

Stemshorn, M.: Die Inszenierung der Freizeit – Die künstliche Welt der Freizeitparks und Ferienparadiese. Ulm, 2000

Internet:

Spiegel Online: Freizeitpark-Ranking. http://www.spiegel.de, 07.10.2004

Themata Freizeit- und Erlebniswelten Services: Zur Situation der Branche. http://www.themata.com, 07.10.2004